SITZUNGSBERICHTE DER DEUTSCHEN AKADEMIE
DER WISSENSCHAFTEN ZU BERLIN

Klasse für Bergbau, Hüttenwesen und Montangeologie
Jahrgang 1962 Nr. 3

E. KAUTZSCH, H. BIRKENFELD, H. HÜBNER,
TH. KAEMMEL, H. ZAHN

ÜBER
ISOTOPENGEOLOGISCHE UNTERSUCHUNGEN ZUR METALLOGENIE DES MITTELEUROPÄISCHEN RAUMES

Mit 4 Abbildungen und 4 Tabellen

AKADEMIE-VERLAG · BERLIN
1962

Vorgetragen von Hrn KAUTZSCH in der Klassensitzung am 23. November 1961

Zum Druck genehmigt am gleichen Tage, ausgegeben am 10. Oktober 1962

Erschienen im Akademie-Verlag GmbH, Berlin W 8, Leipziger Straße 3–4

Lizenznummer 202 100/592/62 MdI der DDR 7642/62
Gesamtherstellung Druckhaus „Maxim Gorki", Altenburg
Bestellnummer: 2010/62/III/3 ES 18 F 2 · Preis: DM 2,40

Über isotopengeologische Untersuchungen zur Metallogenie des mitteleuropäischen Raumes

von

E. Kautzsch[2], H. Birkenfeld[1], H. Hübner[1], Th. Kaemmel[2], H. Zahn[1]

Im Rahmen einer metallogenetischen Analyse des Raumes der Deutschen Demokratischen Republik durch das Zentrale Geologische Institut der Staatlichen Geologischen Kommission wurde in Form einer Arbeitsgemeinschaft der genannten Mitarbeiter aus den erwähnten beiden Instituten mit der Durchführung massenspektrometrischer Blei-Isotopenanalysen begonnen. Dabei ergaben sich bisher und werden sich voraussichtlich in Zukunft metallogenetische Zusammenhänge und Beziehungen zwischen sedimentären und magmatischen Lagerstätten sowie Hinweise über die Herkunft ihrer Metallmengen ergeben, die es wert erscheinen, im folgenden mitgeteilt zu werden.

Wie bereits bekannt, setzt sich alles bisher untersuchte irdische und meteoritische Blei aus den vier Blei-Isotopen ^{204}Pb, ^{206}Pb, ^{207}Pb und ^{208}Pb zusammen. Dabei kennt man für das Isotop ^{204}Pb kein Element, aus dem diese Bleivarietät durch radioaktiven Zerfall entsteht, wohingegen ^{206}Pb aus dem Zerfall von ^{238}U, ^{207}Pb aus dem Zerfall von ^{235}U und ^{208}Pb aus dem Zerfall von ^{232}Th entstanden sind und laufend neu entstehen. Eine statistische Auswertung von vielen massenspektrometrischen Bestimmungen von Blei ergab, daß man auf Grund der prozentualen Zusammensetzung mehrere Typen von Blei unterscheiden kann.

Von diesen Typen ermöglicht die Zusammensetzung des sogenannten gewöhnlichen Bleies, durch Berechnung der Verhältniszahlen der aus den beiden Uranisotopen entstandenen Blei-

[1] Mitarbeiter im Institut für physikalische Stofftrennung der DAW, Leipzig.

[2] Mitarbeiter im Zentralen Geologischen Institut der Staatlichen Geologischen Kommission, Berlin.

isotopen zu dem Blei 204 auf das Alter des betreffenden Bleiminerals zu schließen. Da das im Blei enthaltene Isotop ^{204}Pb im Durchschnitt nur mit etwa 1,5% in der Gesamtzusammensetzung aller Bleie auf dieser Erde enthalten ist, tritt bei einer Berechnung der Verhältnisse α 206:204, β 207:204 und γ 208:204 immer der Fehler der Bestimmung von ^{204}Pb sehr stark hervor. Aus diesem Grunde wurden z. B. von den Amerikanern CANNON, PIERCE, ANTWEILER und BUCK (1961) die Gehalte an dem Isotop 204 nicht berücksichtigt, sondern die Beziehungen zwischen den Isotopen 206, 207 und 208 = 100 gesetzt und im Dreieckdiagramm betrachtet. Es ergab sich dabei für die Isotopenzusammensetzung des sogenannten gewöhnlichen Bleies eine zeitliche Entwicklungskurve, die auf Grund statistischer Auswertung einer großen Anzahl massenspektrometrischer Bleierzanalysen ermittelt worden ist. Die bekannten Typen der irdischen Bleierze lassen sich in diesem Dreieck bestimmten Räumen zuordnen. Dabei sind Beziehungen zwischen der Zusammensetzung der genannten Bleiisotope, des Modellalters und evtl. genetischer Prozesse graphisch erfaßbar.

Alles Blei außerhalb der Fläche, in der alle Proben mit einer dem sogenannten gewöhnlichen Blei entsprechenden Isotopenzusammensetzung sich zeitlich gesetzmäßig einordnen lassen, gehört anomalen Beeinflussungen an, und zwar nach oben und nach links einem anomalen Gehalt an Uranblei und auf der anderen Seite nach rechts unten einem anomalen hohen Thoriumbleigehalt. Außerdem findet sich dort noch ein Typ, das sogenannte Joplinblei, das sich nach rechts oben in einem Raum erstreckt, der anomales jüngeres Alter vortäuscht. Schließlich können auch innerhalb der Fläche des gewöhnlichen Bleies noch Varietäten auftreten, die auf Grund ihrer Isotopenzusammensetzungen höheres Alter vortäuschen.

Es wird angenommen, daß das sogenannte gewöhnliche Blei aus der unter der sialischen obersten Erdschale liegenden simatischen Region stammt, wobei es auf seinem Weg zur Erdoberfläche nur in geringem Maße den Einflüssen der Sialzone ausgesetzt war. Diese Annahme ergab sich aus der relativ geringen isotopenanalytischen Streuung des sogenannten gewöhnlichen Bleies, die darauf hindeutet, daß die Entwicklung des Bleies sich hauptsächlich in einem Medium mit ziemlich konstantem U:Th: Pb-Verhältnis entwickelt hat, wie man es für die Verhältnisse in der Simazone annimmt. Auf dieser Feststellung beruht auch die Möglichkeit einer zuverlässigen Altersbestimmung an Proben gewöhnlichen Bleies in Form des sogenannten Modellalters. Hier sollen jedoch vor allem genetische Probleme besprochen werden, einschließlich der Frage nach Metallverteilung und der Herkunft der Metalle.

Die Amerikaner Stanton und Russel (1959) hatten durch statistische Auswertung vieler massenspektrometrischer Bleierzanalysen aus verschiedenen Lagerstätten festgestellt, daß das gewöhnliche Blei vor allem in größeren gleichförmigen Lagerstätten auftritt. Sie hatten darauf hingewiesen, daß es interessant wäre zu untersuchen, ob das Blei von Mansfeld auch zu diesen Typen gewöhnlichen Bleierzes gehört.

Im Rahmen der geologischen Erkundungsarbeiten auf Buntmetalle der Staatlichen Geologischen Kommission wurden in den vergangenen Jahren im Raum von Spremberg und im Raum von Bernburg—Dessau neue Vorkommen gefunden, die zusätzlich zu denen im Raum des Mansfelder und Sangerhäuser Bergbaus Ergänzungen brachten. Auch wurde durch diese Erkundungsarbeiten der Anschluß an die neu festgestellten reichen polnischen Lagerstätten bei Głogow und Sieroszowice am Ostrand des subsudetischen Walles gesucht (Abb. 1, s. Anlage auf der 3. Umschlagseite).

Bei Auswertung von dem bei diesen Arbeiten anfallenden Probematerial hat vor etwa zwei Jahren das Mitglied unserer Akademie, Herr Schüller (1959), an dieser Stelle über Ergebnisse seiner Studien, über die Vererzung im Kupferschiefer speziell bei Dessau-Edderitz und bei Spremberg berichtet.

Er hat dabei damals auf einen besonderen Umstand hingewiesen, nämlich den Fund von vererzten Porphyrgeröllen im

Liegenden des Kupferschiefers im Raum von Edderitz westlich Dessau. Dies gab Anlaß zu der Vermutung, daß ein genetischer Zusammenhang zwischen einer Vererzung in diesen vulkanischen porphyrischen Gesteinen und der Vererzung des Kupferschiefers besteht.

Unabhängig von ihm und teilweise mit ihm gemeinsam kam KAUTZSCH (1957) damals zu ähnlichen Ergebnissen bei der Verfolgung von Vererzungszonen am Ostrand der Mansfelder Mulde, die dazu führten, anzunehmen, daß aus dem Abtragungsschutt porphyrischer Gesteine Buntmetalle, vor allem Kupfer, Blei und Zink, in das Kupferschiefermeer hineingelangten und hier konzentriert wurden. Um jedoch weitere Klarheit über diese teilweise noch schlecht gestützten Annahmen zu finden, haben wir Untersuchungen über die Frage fortgesetzt. Diese Untersuchungen führten u. a. dazu, Buntmetallvorkommen in porphyrischen Gesteinen speziell im Raum um Halle und Thüringen näher zu untersuchen. Sie wurden in drei Richtungen durchgeführt:

1. mit dem Ziel, die Fragen zu beantworten, ob es möglich sei, Beziehungen zwischen der Metallogenese und vor allem der Metallverteilung sowie der Metallanreicherung im Kupferschiefer und den permischen porphyrischen Vererzungen zu finden;
2. mit dem Ziel, zur Beantwortung der Frage beizutragen, ob in den permischen, vulkanischen und subvulkanischen Gesteinen der DDR selbst bauwürdige Buntmetallagerstätten möglich seien und ob solche in der geologischen Vergangenheit existiert haben;
3. schließlich war die Frage von Bedeutung, ob die in den Mansfelder Schächten auftretenden Bleivererzungen längs jüngerer Vererzungsspalten, den sogenannten Rücken, ihren Bleierzinhalt aus dem Kupferschieferflöz durch seitliche Wanderung aus dem Kupferschiefer oder als Neuzufuhr aus der Tiefe auf diesen Verwerfungsspalten erhalten haben.

Bei der Untersuchung der zuerst genannten Frage schien die Hypothese der Herkunft der Metalle aus abgetragenen Lagerstätten porphyrischer Erze durch das Auffinden von Geröllen im Liegenden des Kupferschiefers, wie sie zum Beispiel SCHÜLLER (1959) beschreibt, wesentlich gestützt zu sein. Um diese Zusammenhänge genauer zu verfolgen und zu kontrollieren, haben wir begonnen, einen Vergleich der Bleiisotopenverhältnisse in den Bleierzen des Kupferschiefers einerseits und den Bleierzen der porphyrischen Vorkommen im Raum der Deutschen Demokratischen Republik und von anderen Bleierzlagerstätten Mitteleuropas anzustellen (s. Abb. 1), worüber später zusammenhängend berichtet wird. Hierbei ergab sich, daß das Blei des Kupferschiefers nicht anomal ist, sondern dem Typ des gewöhnlichen Bleies entspricht. Ermutigt wurden wir durch die bereits von sowjetischer, schweizerischer und westdeutscher Seite durchgeführten Untersuchungen, soweit sie den mitteleuropäischen Raum betrafen (EHRENBERG, 1954, 1959, GEISS 1954, VINOGRADOV 1959, NIELSEN 1960 u. a.). Dieser Raum ist nach STILLE (1944) jungalgonkisch regeneriert worden und nach vorheriger assyntischer und kaledonischer Faltung und teilweiser Konsolidation erst varistisch als ganzes konsolidiert und dem fennosarmatischen Kraton angegliedert worden. Tatsächlich zeigt auch die bisherige Bleiisotopenanalyse kein Alter, das älter als die assyntische Aera wäre. Es ergeben sich aus den Isotopendaten geochemische Provinzen, die bedingt sind durch das Thorium-Uran-Bleiverhältnis und seine Wandlungen im Muttergestein einerseits und den Zeitpunkt der Bleiglanzbildung andererseits. Die beobachteten Differenzen sind wesentlich größer, als wenn sie allein durch altersmäßige Unterschiede hervorgerufen wären.

Im folgenden werden wir dem absoluten Modellalter des Bleies keine besondere Bedeutung beimessen.

1. Der Grund dafür, daß wir das Schwergewicht auf genetische Aussagen und nicht auf zeitliche legen, liegt darin, daß Änderungen des Thorium-Uran-Blei-Verhältnisses, soweit sie nicht auf radioaktiven Zerfall beruhen, den Differentiationsablauf dieser Metalle widerspiegeln (VINOGRADOV 1961) sowie untergeordnet den ihrer radioaktiven Zerfallsprodukte (Tab. 2,

Tabelle 1. Die Veränderung des Verhältnisses $^{235}U : ^{238}U$ im Laufe der Erdgeschichte (berechnet von KRUHME)

$t \cdot 10^9$	v_t		$t \cdot 10^9$	v_t	
4,5	$0{,}287_7$	1 : 3,48	0,6	0,0118	1 : 84,7
4,0	$0{,}191_1$	1 : 5,23	0,5	$0{,}010_9$	1 : 91,7
3,5	$0{,}126_9$	1 : 7,88	0,4	$0{,}010_0$	1 : 100
3,0	$0{,}084_3$	1 : 11,9	0,2	$0{,}0085_4$	1 : 117
2,5	0,0560	1 : 17,9	0,0	$0{,}0072_5$	1 : 138
2,0	0,0372	1 : 26,9			
1,5	$0{,}024_7$	1 : 40,5			
1,0	$0{,}016_4$	1 : 61,0			

$t \cdot$ Zeit. $t = 0$ Gegenwart. v_t = Verhältnis von $^{235}U : ^{238}U$ z. Z. t

3, 4); insbesondere, wenn diese in die Sialzone eintreten und sich diese Elementmigrationen bei einer genauen Fixierung des Alters *innerhalb* des Paläozoikums bzw. des Meso- und Neozoikums zu stark verzerrend auswirken.

2. Bei der Beurteilung der Vorgeschichte des Bleies ist andererseits die Annahme von Bedeutung, daß der exogene Kreislauf zu keiner größeren Trennung von Uran und Thorium vor der assyntischen Aera führte. Hinweise sind für uns hierbei zum Beispiel das verbreitete Vorkommen von Uran-Pecherz als Schwermineral im Lagerstättentyp von Witwatersrand, d. h. ähnliches Verhalten wie es auch heute der Thoriumträger Monazit zeigt (RAMDOHR 1958).
ESKOLA (1961) u. a. postulieren, daß die Sauerstoffatmosphäre jüngeren Datums ist, d. h. erst nach Existenz einer solchen Sauerstoffatmosphäre ist eine Umwandlung von vierwertigem Uran in sechswertiges möglich; da dies für Thorium nicht geschieht, erfolgt hierdurch eine Trennung von Uran und Thorium im gegenwärtigen exogenen Kreislauf. Nicht in vollkommener Übereinstimmung steht hiermit der auch in alten Schwarzschiefern beobachtete Urangehalt (KOCZY, 1956).

Die Darstellung der Bleiisotopenanalysen erfolgte im α-β-Diagramm, im Dreieck 206, 207 und 208 sowie in einem Diagramm, das die Variation von 206:207 und von 208:207 zeigt. Der Grund für diese letztgenannte graphische Auswertung auf der Basis von 207 ist, daß:

1. dieses Bleiisotop häufiger ist als das Bleiisotop 204;
2. das Uran 235 vor ungefähr 600 Mio Jahren bereits weitgehend gespalten war (Tab. 1 und 2), so daß seitdem nur noch verhältnismäßig geringe Mengen radiogenen Bleies dieses Uranisotops sich an der Bleiisotopenzusammensetzung jüngerer Proben beteiligen, d. h., daß sich das Blei 207 mengenmäßig seit der angegebenen Zeit nur geringfügig verändert hat und

Tabelle 2. Berechnung der Gleichgewichtsmengen der radioaktiven Zerfallsprodukte von ^{228}U (berechnet von KRUHME)

Lfd. Nr.	Glied der Reihe	Isotop	Halbwertzeit		Gleichgewichtsmenge (Anzahl der Atome)
	^{238}UI	^{238}U	$4{,}5 \cdot 10^{9}$ a		
1	UX_1	^{234}Th	24,1 d	= —	—
2	UX_2 (99,7%)	^{234}Pa	1,14 min	= —	—
	UZ	^{234}Pa	6,7 h	= —	—
3	UII	^{234}U	$2{,}53 \cdot 10^{5}$ a	= 253000 a	74,93%
4	Io	^{230}Th	$8{,}3 \cdot 10^{4}$ a	= 83000 a	24,58%
5	Ra	^{226}Ra	$1{,}622 \cdot 10^{3}$ a	= 1622 a	0,48%
6	Rn	^{222}Rn	3,8 d	= —	—
7	RaA	^{218}Po	3,05 min	= —	—
8	RaB	^{214}Pb	26,8 min	= —	—
9	RaC	^{214}Bi	19,7 min	= —	—
10	(RaC′99,96%)	^{214}Po	$1{,}50 \cdot 10^{-4}$ s	= —	—
	(RaC″	^{210}Tl	1,32 min	= —	—
11	RaD	^{219}Pb	$2{,}2 \cdot 10^{1}$ a	= 22 a	0,01%
12	RaE	^{210}Bi	5 d	= —	—
13	RaF	^{210}Po	140 d	= —	—
	RaG	^{206}Pb	Summe	= 337644 a	100,00%

Die Zahlen in der rechten Spalte sagen aus, wie sich die Anzahl der Atome der Tochterprodukte des ^{238}U bei radioaktivem Gleichgewicht verteilt.

Tabelle 3. Berechnung der Gleichgewichtsmengen der radioaktiven Zerfallsprodukte von ^{235}U (berechnet von KRUHME)

Lfd. Nr.	Glied der Reihe	Isotop	Halbwertzeit				Gleichgewichtsmenge (Anzahl der Atome)
	$Ac^{235}U$	^{235}U	$7{,}07 \cdot 10^8$	a			—
1	UY	^{231}Th	25,51	h	=	—	—
2	Pa	^{231}Pa	$3{,}43 \cdot 10^4$	a	=	3430 a	99,37%
3	Ac	^{227}Ac	$2{,}17 \cdot 10^1$	a	=	21,7 a	0,63%
4	(RdAc(99%)	^{227}Th	19,8	d	=	0,05 a	—
	(AcK)	^{223}Fr	21	min	=	—	—
5	AcX	^{223}Ra	11,2	d	=	0,03 a	—
6	An	^{219}Rn	3,02	s	=	—	—
7	AcA	^{215}Po	$1{,}83 \cdot 10^{-3}$	s	=	—	—
8	AcB	^{211}Pb	36,1	min	=	—	—
9	AcC	^{211}Bi	2,16	min	=	—	—
	AcC''(99,68%)	^{207}Tl	4,76	min	=	—	—
10	AcC'	^{211}Po	$5 \cdot 10^{-3}$	s	=	—	—
	AcD	^{207}Pb	Summe			3451,78 a	100,00%

Die Zahlen in der rechten Spalte sagen aus, wie sich die Anzahl der Atome der Tochterprodukte des ^{235}U bei radioaktivem Gleichgewicht verteilt.

Zufuhren von jungem Uranblei, das überwiegend aus ^{206}Pb besteht, gut erkennen lassen (Tab. 3);

3. die Umwandlung des einmal zerfallenen Thoriumisotops relativ rasch vor sich geht, ohne daß Zwischenphasen gebildet werden, die *längere* Zeit beständig sind (Tab. 4), so daß innerhalb einer regionalen und genetischen Einheit das Verhältnis 208:207 etwas über die relative Altersfolge aussagt.

Unter der Voraussetzung der Vergleichbarkeit der Analysen verschiedener Laboratorien ist bei größerer Auflösung des Blei-Isotopenfeldes in den verschiedenen Darstellungsarten nach den bisher vorliegenden Daten für die Freiberger Bleiprovinz (Sächsischer Raum einschließlich Analysen aus Ostthüringen), die ein relativ altes, d. h. thorium-bleiarmes und ein ^{204}Pb-reiches Isotopenverhältnis ($^{207}Pb:^{204}Pb$ niedrig!) zeigt, deutlich eine starke schwankende junge Uranblei-Zufuhr zu erkennen. Unter allen übrigen Vorkommen hat diese Provinz die stärkste anomale Tendenz, die sich im α-β-Diagramm in einem weitaus zu jungen Alter ausdrückt. Die Bleie der Vogesen und des Schwarzwaldes zeigen ebenfalls einen stärkeren radiogenen Bleigehalt, als altersmäßig zu erwarten wäre. Blei 206 ist gegenüber Blei 204 reichlich vorhanden, ebenso Blei 208 gegenüber Blei 204. Dagegen sind 207 gegen 204 und vor allem 208 gegen 207 größer als bei der Freiberger Provinz. Das heißt, daß nicht durch zusätzliches Uranblei verändertes Blei jünger ist und einer nicht so bleireichen Umgebung entstammt.

Einzelproben der beiden genannten Provinzen weichen von diesem Bild ab und scheinen von der Uran-Blei-Zufuhr frei.

Tabelle 4. Berechnung der Gleichgewichtsmengen der radioaktiven Zerfallsprodukte von ^{232}Th (berechnet von Kruhme)

Lfd. Nr.	Glied der Reihe	Isotop	Halbwertzeit	Gleichgewichtsmenge (Anzahl der Atome)
	^{232}Th	^{232}Th	$1{,}39 \cdot 10^{10}$ a	
1	$MsTh_1$	^{228}Ra	6,7 a = 2412 d	77,80%
2	$MsTh_2$	^{228}Ac	6,13 h = 0,255 d	0,01%
3	RdTh	^{228}Th	1,90 a = 684 d	22,06%
4	ThX	^{224}Ra	3,64 d = 3,64 d	0,12%
5	Th	^{220}Rn	54,5 s = —	—
6	ThA	^{216}Po	0,158 s = —	—
7	ThB	^{212}Pb	10,6 h = 0,44 d	0,01%
8	ThC	^{212}Bi	60,5 min = —	—
9	ThC' (65%)	^{208}Po	$2{,}2 \cdot 10^{-7}$ s = —	—
	ThC'' (35%)	^{212}Tl	3,1 min = —	—
	ThD	^{208}Pb	Summe 3100,337 d	100,00%

Die Zahlen in der rechten Spalte sagen aus, wie sich die Anzahl der Atome der Tochterprodukte des ^{232}Th bei radioaktivem Gleichgewicht verteilt.

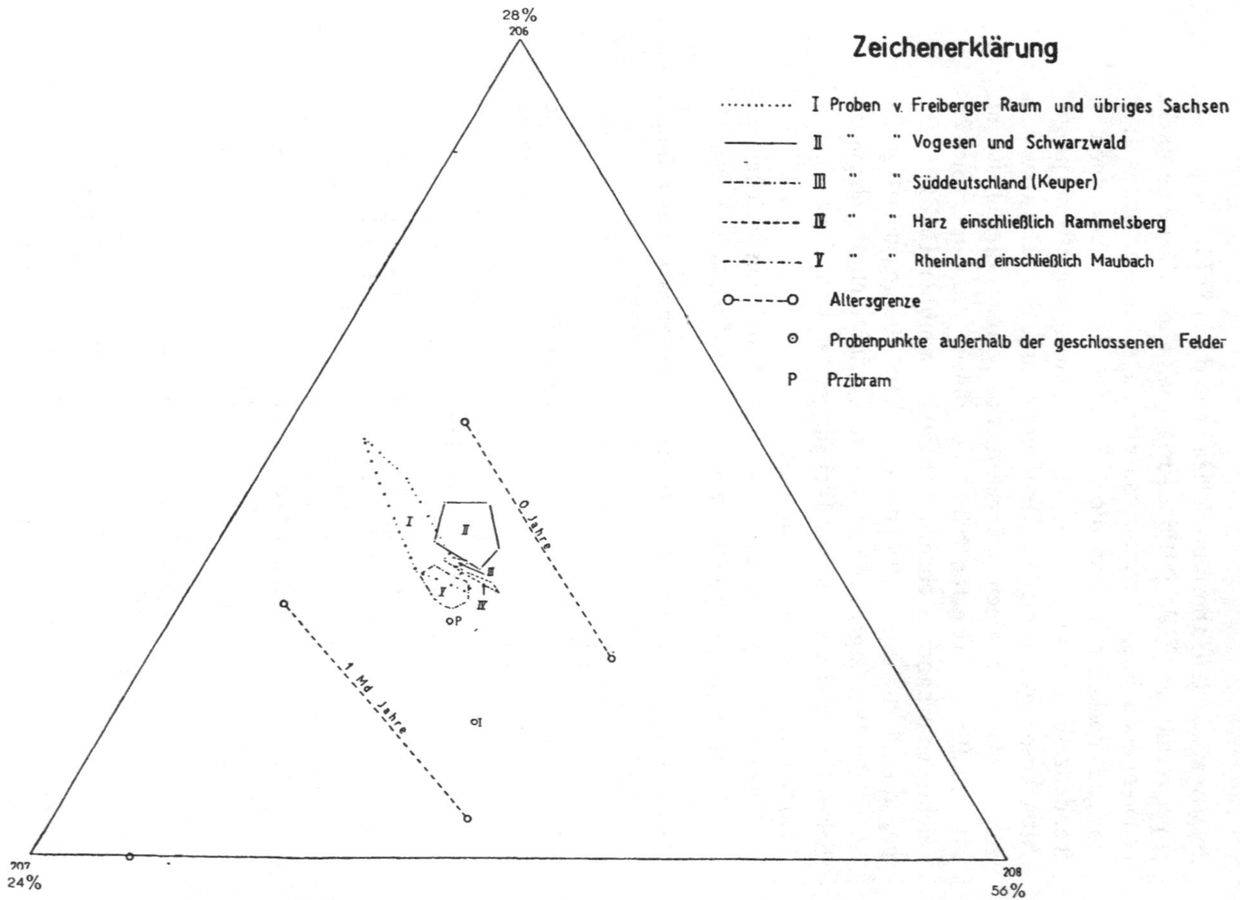

Abb. 2. Darstellung der bisher bekannten Isotopenanalysen im Dreieck 206/207/208 (Kantenlänge des Dreiecks jeweils 4%)

Die übrigen Bleiprovinzen, wie der Harz, das Rheinische Schiefergebirge und die Keuperbleie Süddeutschlands, zeigen eine solche starke Uranblei-Betonung nicht.

Der Harz zeichnet sich gegenüber dem Rheinischen Schiefergebirge durch erhöhte Werte von 206:207 und 208:207 und etwas höhere Gehalte an radiogenem Blei relativ zum Blei 204 aus, d. h. jüngeres Alter und bzw. ursprünglich bleiärmere Umgebung relativ zu Uran und Thorium gegenüber dem Rheinischen Schiefergebirge. Die Keuperbleie Süddeutschlands vermitteln zwischen den beiden letztgenannten Provinzen.

Die im Geosynklinalstadium des Harzes abgelagerten Bleie (Rammelsberg) sind sowohl hinsichtlich des Uranbleies sowie des Thoriumbleies älter als die gangförmigen Vorkommen des Ober- und Mittelharzes. Die im Rheinischen Schiefergebirge entsprechenden Meggener Proben heben sich dort nicht so deutlich ab.

Das Lausitzer Blei ordnet sich den geschilderten Verhältnissen ein; es fällt lediglich durch niedrigen Uranblei-Gehalt und gegenüber Vogesen, Harz und Rhein. Schiefergebirge wegen des niedrigen Thoriumgehaltes relativ zum Uranblei 207 auf. Ähnlich verhalten sich auch die Przibramer Bleiproben (Abb. 2, 3, 4).

Wir möchten annehmen, daß die Bleientwicklung bis zur assyntischen Orogenese einen gemeinsamen Verlauf zeigt, wenn man von einer geringen Differentiation von μ und $\varkappa$ absieht. Bei der längeren oder kürzeren Einbeziehung des Bleies, des Urans, des Thoriums und der radioaktiven Zerfallsprodukte letzterer in die Sialbildung entstanden die regionalen Besonderheiten bestimmter und unterschiedlich charakterisierter Bleiprovinzen.

Zusammenfassend können mit Hilfe der dargelegten graphischen Auswertungsmethode von Blei-Isotopenbestimmungen durch solche stofflichen Unterschiede Hinweise gegeben werden, die nicht allein für die zeitliche Deutung von Interesse sind, sondern auch indirekt auf räumliche Fragestellungen unter Umständen Antwort zu geben in der Lage sind. Man könnte heute

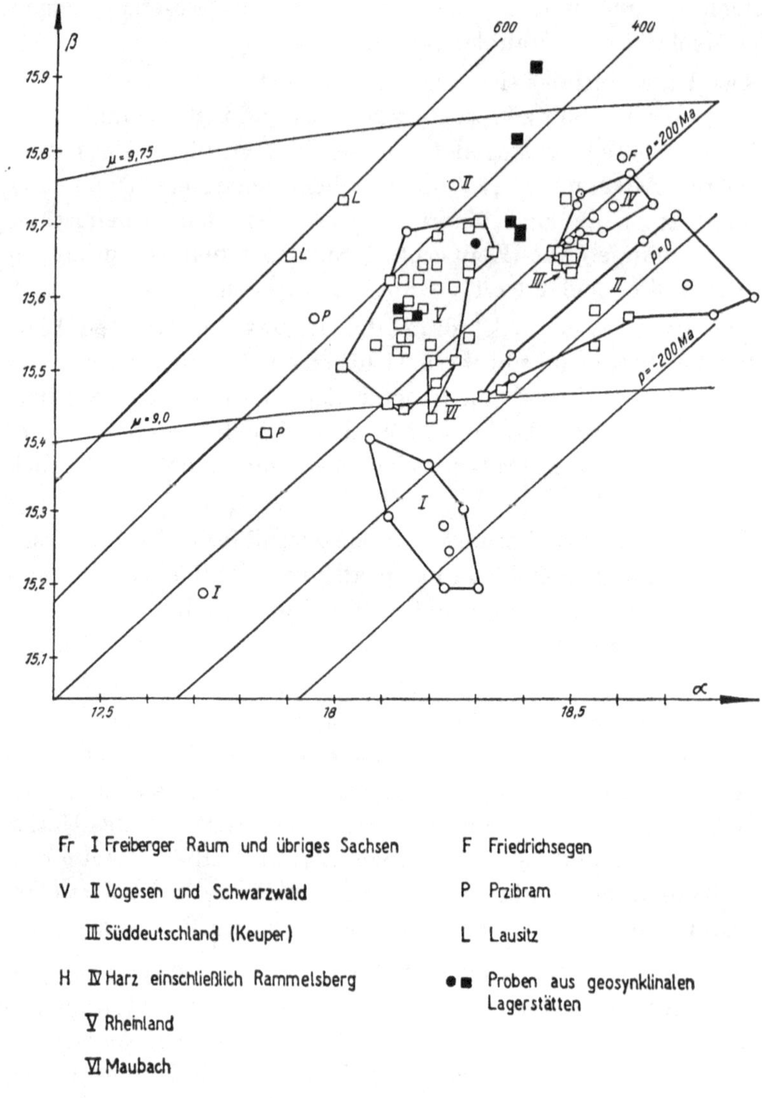

Abb. 3. Darstellung der bekannten Isotopenanalysen im α-β-Diagramm, erweitert nach EHRENBERG-MÜRTZ (1959)

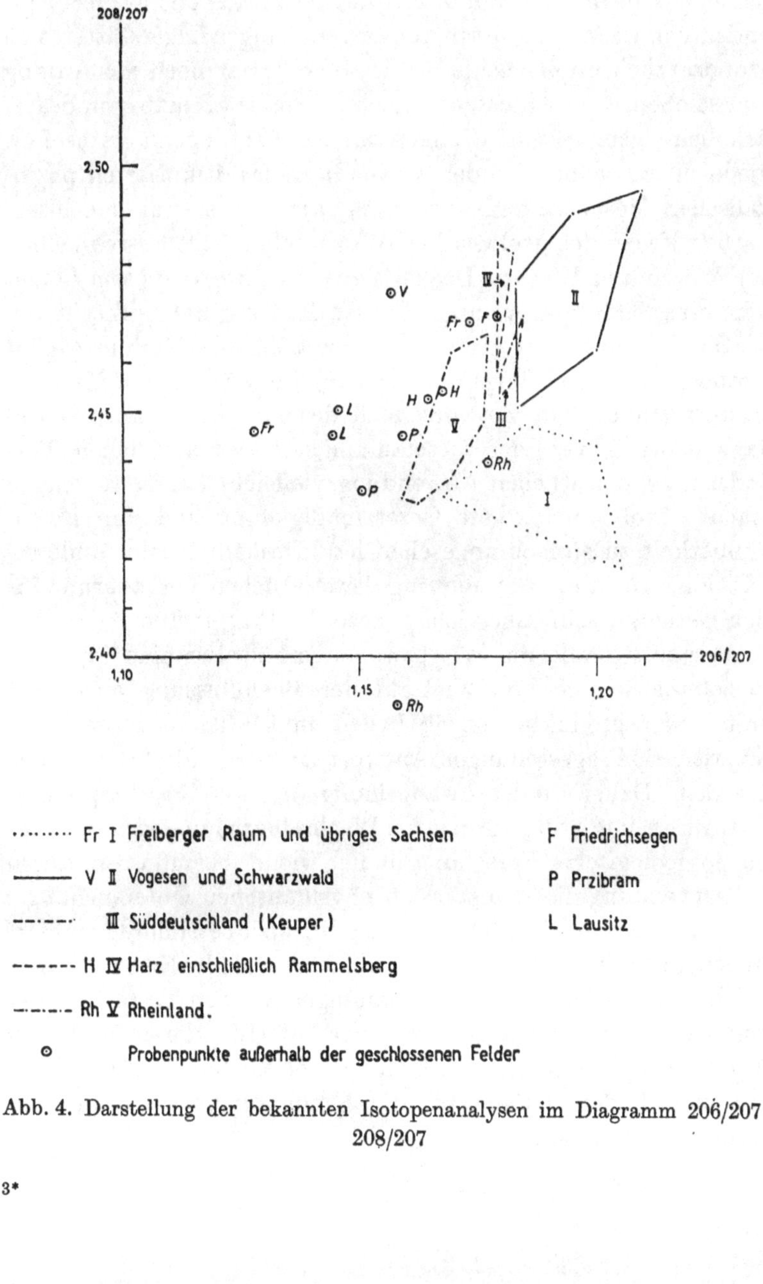

Abb. 4. Darstellung der bekannten Isotopenanalysen im Diagramm 206/207: 208/207

schon damit in unserer Republik auf zwei Lagerstättenprovinzen schließen, die in bezug auf ihre Höffigkeitsgrade und auf das Auffinden von im Weltmaßstab konkurrenzfähiger Lagerstätten sich grundsätzlich unterscheiden. Wir stehen zwar noch am Anfang von solchen Rückschlüssen, jedoch scheint, daß man grundsätzlich beim geologischen Denken in der Vergangenheit insofern vielleicht zu schnell bei der Anwendung der diskutierten physikalischen Methode vorgegangen ist, als man sie für den historischen Zweig der geologischen Wissenschaft fast ausschließlich zur Anwendung brachte. Das lag nahe, da man auf diesem Gebiet sehr brennende und wichtige Fragen zu lösen hat und sehr beachtliche Erfolge mit Hilfe z. B. vor allem der Kalium-Argon-Methode oder neuerdings mit der Rubidium-Strontium-Methode zu verzeichnen hat. Zu vorschnell deshalb, weil man den Gedankensprung von der Gesetzmäßigkeit der stofflichen Veränderung zur zeitlichen Anwendung vielleicht häufig zu schnell machte, wobei man diese Gesetzmäßigkeiten und ihre Beeinflußbarkeit zu einfach angesehen hat. Deshalb scheint andererseits aber allein die Betrachtung der stofflichen Veränderung für sich genug zu sein, um viele genetische Fragestellungen zu beantworten. Gerade die Blei-Isotopenverhältnisse sind in dieser Beziehung wegen ihrer Vielzahl der Beeinflussung durch die drei Zerfallsprodukte von ^{235}U, ^{238}U und ^{232}Th mehr geeignet, genetischen Fragestellungen Antwort zu geben, als Fragen nach der Zeit. Dabei werden zwangsläufig die drei Gesichtspunkte: Zeit, Raum und Stoff, die in ihren Wechselbeziehungen die Grundfragen geologischer Forschung immer wieder beeinflussen, durch die Anwendung dieser modernen physikalischen Untersuchungsverfahren, wie sie die Methoden der Isotopenbestimmungen darstellen, auf immer sicherere Fundamente gestellt. Neuere Fragen tauchen hierbei auf, alte Anschauungen werden bestätigt oder revidiert. Nicht zuletzt gewinnen wir mit Hilfe dieser Methoden Hinweise für rein praktische Belange, wie sie die Suche nach verborgenen Bodenschätzen für die Erhöhung unseres Nationalvermögens darstellt.

LITERATURVERZEICHNIS

CAHEN, L., und I. JEDWAB: Beziehungen zwischen dem Modellalter des Bleis, dem Gehalt an Spurenelementen des Bleiglanzes und der geologischen Geschichte einiger Bleierzlagerstätten Westdeutschlands. Z. dt. geol. Ges. **110**, 1958/1959, 474–490.

CAHEN, L., P. EBERHARDT, F. G. HOUTERMANNS, I. JEDWAB und P. SIGNER: On a correlation between the common lead model age and the trace-element contents of galenas. Geochim. et cosmochim. acta **14**, 1958, 134 bis 149.

CANNON JR., R. S., A. P. PIERCE, I. C. ANTWEILER und K. L. BUCK: The Data of lead Isotope Geology related to problems of ore genesis. Economic Geology **56**, 1961, 1–38, Pittsburg.

DAVIS, G. L., G. R. TILTON, L. T. ALDRICH, G. W. WETHERHILL und H. PAUL: The age of rocks and minerals. Carnegie Institution Yearbook 56, 1956 bis 1957, S. 164–178, 1958.

EHRENBERG, H., und G. HORLITZ: Weitere Isotopenanalysen an Bleierzen. Z. f. Naturforsch. **9a**, 1954, 951–954, Tübingen.

EHRENBERG, H., und H. I. MÜRTZ: Massenspektrometrische Untersuchungen an Bleierzen. Forschungsberichte des Landes Nordrhein-Westfalen, 1959, Nr. 696 (dort weitere Literatur).

ESKOLA, P.: Perioden von geochemischer Beschleunigung und Lebensentwicklung. Acta Geol. Hung. 1961, Budapest.

FAUL, H.: Nuclear Geology. 1954, New York, London.

GEISS, I.: Isotopenanalysen an „gewöhnlichem Blei" Z. f. Naturforsch. **9a**, 1954, 218–227, Tübingen.

HOLMES, A.: The origin of primary lead ores I, II. Econ. Geol. **32**, (1937), 764–782 und **33**, (1938), 829–867.

KAUTZSCH, E.: Die Metallführung des Melaphyrs von Großörner und ihre Beziehungen zur Metallführung im Kupferschiefer. N. Jahrb. f. Min., Abh. **91**, 1957, 441–454, Stuttgart.

KOCZY, F. F.: Geochemistry of the radioactive elements in the ocean. Deep sea res. v. **3**, 93–103.

NIELSEN, H.: Zur lagerstättengenetischen Deutung der Isotopenverhältnisse am Blei und Schwefel. Geol. Rdsch. **49**, 1960, 289–308.

RAMDOHR, P.: Die Uran-Goldlagerstätten Witwatersrand Blind–River District- – Dominion Reef – Serra de Jacobina. Erzmikroskopische Untersuchungen und ein geologischer Vergleich. Abh. DAW, Kl. f. Chem., Geol., Biol., Jahrg. 1958, Nr. 3.

SCHÜLLER, A.: Metallisation und Genese des Kupferschiefers von Mansfeld· Abh. d. DAW, Kl. f. Chem., Geol., Biol. **58**, Bln. 1959.

SCHÜRMANN, H. M. E., u. a.: Preliminary note on age determinations of magmatic rocks by means of radioactivity. Geol. en mijnbouw, **17**, 1955, 217–223.

SCHÜRMANN, H. M. E., u. a.: Fourth preliminary note on age determinations of magmatic rocks by means of radioactivity. Geol. en mijnbouw, **22**, 1960, 93–104.

STANTON, R. L., und R. D. RUSSEL: Anomalous lead and the emplacement of lead sulfide ores. Economic Geology **54**, 1959, 588–607, Pittsburg.

STILLE, H.: Geotektonische Gliederung der Erdgeschichte. Abh. d. Preuß. Akad. d. Wiss. Jahrg. 44, Math.-naturw. Kl., Verlag d. DAW, Berlin 1944.

STILLE, H.: Anbau und Fortbau im mitteleuropäischen Variszikum. Forsch. u. Fortschr., **25**, 1949, 289–293.

TESSEYRE, H.: Observation sur la tectonique des Sudètes. 19. Congr. geol. int. Alger 1952, Fasc. XIV, S. 405, 1954 Alger.

VINOGRADOV, A. P., u. a.: Über das Alter der Granite und Erzvorkommen in Sachsen. Freiberger Forschungshefte C 57, 1959.

VINOGRADOV, A. P., u. a.: Isotopische Zusammensetzung der Erzbleie des baltischen Schildes. Acta Geol. Hung. 1961, 125–283, Budapest.

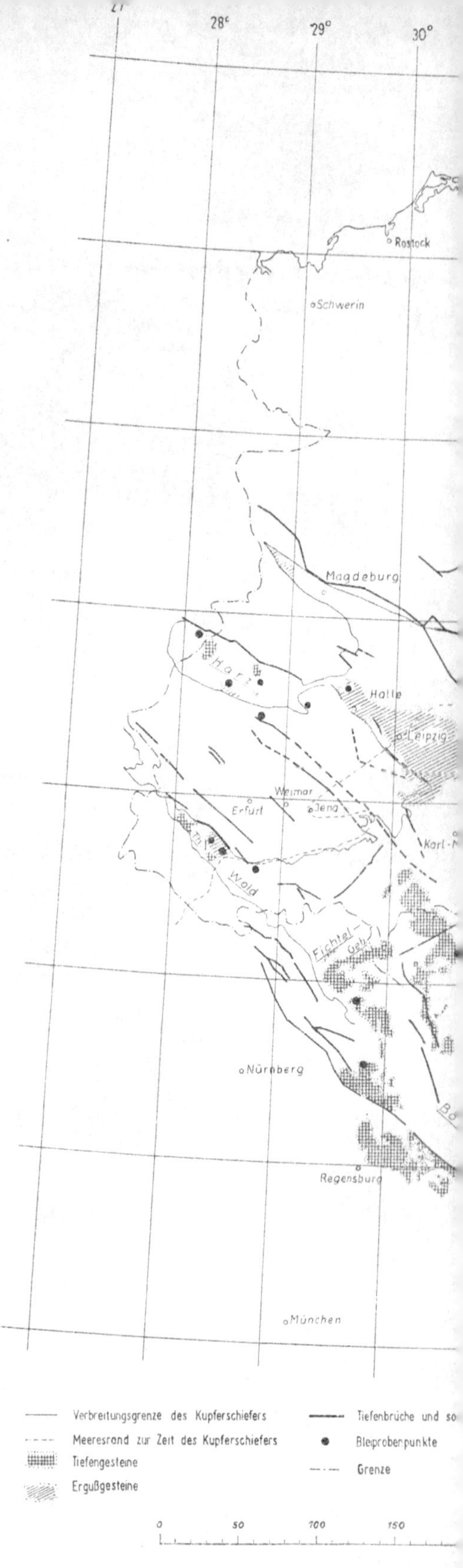
28°
29°
30°
Rostock
Schwerin
Magdeburg
Harz
Halle
Leipzig
Weimar
Erfurt
Jena
Wald
Fichtel-Geb.
Nürnberg
Regensburg
München
Verbreitungsgrenze des Kupferschiefers
Meeresrand zur Zeit des Kupferschiefers
Tiefengesteine
Ergußgesteine
Tiefenbrüche und
Bleiprobenpunkte
Grenze
0 50 100 150

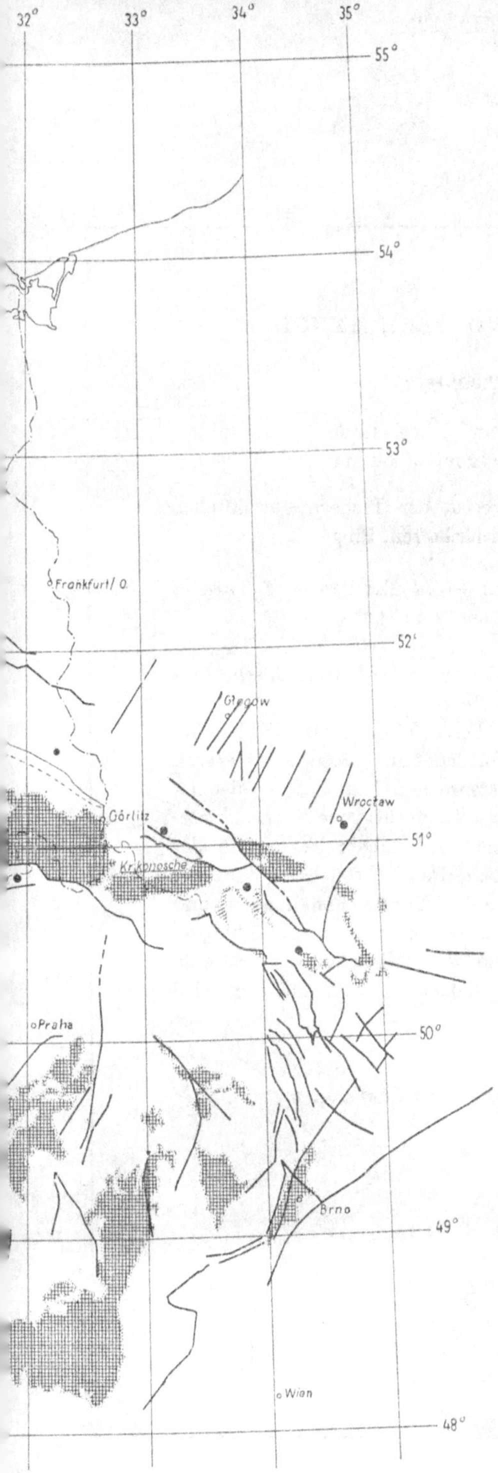

Übersichtskarte der DDR und angrenzender Staaten mit Eintragung der Bruchtektonik, der magmatischen Komplexe und der Probenpunkte für Pb-Isotopenbestimmung

Kolibri 360 GmbH
Ferdinand-Jühlke-Straße 7
99095 Erfurt, Deutschland
produktsicherheit@kolibri360.de